2019年自然资源优秀科普图书

中国地质调查成果 CGS 2018-061

"大巴山区城镇地质灾害调查"项目资助

常见地质灾害识别与避让
科普手册

CHANGJIAN DIZHI ZAIHAI
SHIBIE YU BIRANG
KEPU SHOUCE

主 编 石胜伟 陈 容 张 勇

科学出版社

北 京

内 容 简 介

本书在借鉴已有的地质灾害科普图书基础上，采用了大量的插图及典型照片，介绍了地质灾害的定义、分类、危害和大巴山区地质灾害的特点及防灾减灾需求，逐一介绍了滑坡、崩塌和泥石流等典型地质灾害的定义、形成条件、潜在识别、危险预兆、避让、逃生等，并采用情景模拟的对话形式，以少儿卡通形象熊猫增加趣味性，使广大中小学生和受地质灾害威胁的居民掌握必要的识灾、避灾、防灾知识，提高其防灾减灾意识，防患于未然。

本书兼具知识性、实用性和趣味性，既有基本概念、方法，又有实际案例和情景模拟，可供分管校园安全的领导、教师，以及社区活动策划或组织者用于自由讨论、情景假设，调动学生或居民对地质灾害防灾、避灾知识的自主学习、思考和实践；也可供中小学生和受地质灾害威胁的居民直接阅读。

图书在版编目（CIP）数据

常见地质灾害识别与避让科普手册 / 石胜伟，陈容，张勇主编.
— 北京：科学出版社，2019.1（2020.1重印）

ISBN 978-7-03-060341-8

Ⅰ. ①常… Ⅱ. ①石… ②陈… ③张… Ⅲ. ①地质灾害－灾害防治－普及读物 Ⅳ. ①P694-49

中国版本图书馆CIP数据核字（2019）第002050号

责任编辑：冯 铂 黄 桥／责任校对：彭 映
责任印刷：罗 科／封面设计：墨创文化

科学出版社 出版
北京东黄城根北街16号
邮政编码：100717
http://www.sciencep.com
成都锦瑞印刷有限责任公司 印刷
科学出版社发行 各地新华书店经销

*

2019年1月第 一 版　　　开本：A5（890×1240）
2020年1月第二次印刷　　　印张：3 1/4
字数：180千字
定价：58.00

《常见地质灾害识别与避让科普手册》
编委会名单

主　编：石胜伟　陈　容　张　勇

编　委：（按姓氏笔画排序）

　　　　向铭铭　陈昆廷　苗　朝　程英建

　　　　温　智　谢忠胜　谭荣志

前言

　　随着气候变化和社会经济的不断发展，地质灾害对人类社会的影响持续增加。我国是全球范围内遭受地质灾害最严重的国家之一。据国土资源部门统计，1994年至2016年（不含2008年汶川地震遇难的人数）的23年中，平均每年因地质灾害死亡和失踪人数达860人。大量事实表明，识灾、避灾、防灾知识和技能的缺乏是灾害造成人员伤亡的主要原因之一。

　　为了提高人们，特别是中小学学生以及受地质灾害威胁的居民对常见地质灾害（滑坡、崩塌和泥石流）的科学认识，增强公众识灾、避灾、防灾意识，使公众掌握识灾、避灾、防灾的基本常识和技能技巧，在中国地质调查局"大巴山区城镇地质灾害调查"地质调查二级项目（DD20160278）和国家自然科学基金项目（41601571）资助下，中国科学院、水利部成都山地灾害与环境研究所（简称成都山地所）与中国地质调查局探矿工艺研究所（简称工艺所）、西南科技大学等相关单位专家联合编制了《常见地质灾害识别与避让科普手册》。该手册凝聚了成都山地所和工艺所实地调研与科学研究的大量照片、图片与资料，在此谨向原作者表示衷心的感谢。手册第六部分情景模拟的全部卡通图由陈容设计手绘、四川美术学院的李娟同学完成效果图绘制。在此，特别感谢成都山地所崔鹏院士、谢洪研究员、张建强和刘维明副研究员的科学指导与宝贵建议以及受调研者的反馈信息，同时也衷心感谢项目组成员的辛勤付出。

目录

1 常见地质灾害 ·· 1

  1.1 什么是地质灾害? ······························ 2

  1.2 常见地质灾害有哪些? ······················· 2

  1.3 大巴山区常见地质灾害的特点 ··········· 4

  1.4 大巴山区常见地质灾害的防灾减灾需求 ··········· 9

  1.5 常见地质灾害的危害 ······················· 9

  1.6 我国地质灾害群测群防体系 ············· 14

2 滑坡 ··· 19

  2.1 滑坡的定义 ································· 20

  2.2 滑坡的形成条件 ··························· 20

  2.3 滑坡变形的失稳过程 ······················ 21

  2.4 潜在滑坡的识别 ··························· 27

  2.5 滑坡的危险预兆 ··························· 31

  2.6 滑坡最易发生在什么期间? ············· 31

  2.7 滑坡灾害的避让 ··························· 32

  2.8 滑坡发生时如何逃生? ·················· 33

3 崩塌 ·· 36

3.1 崩塌的定义 ·· 37

3.2 崩塌的形成条件 ································· 37

3.3 崩塌失稳过程 ····································· 39

3.4 崩塌的特征 ·· 40

3.5 崩塌与滑坡的区别 ····························· 40

3.6 潜在崩塌的识别 ································· 41

3.7 崩塌的危险预兆 ································· 44

3.8 崩塌最易发生的时间 ······················ 44

3.9 崩塌灾害的避让 ································· 44

3.10 崩塌发生时如何逃生? ···················· 45

4 泥石流 ··· 47

4.1 泥石流的定义 ····································· 48

4.2 泥石流的形成条件 ···························· 49

4.3 泥石流的特点 ····································· 52

4.4 潜在泥石流沟的识别 ······················ 54

4.5 泥石流的危险预兆 ···························· 54

4.6 泥石流最易发生的时间 ··················· 54

4.7 泥石流灾害的避让 ···························· 55

4.8 泥石流发生时如何逃生? ·················· 57

5 国内外典型案例 ··· 59

  5.1 滑坡 ··· 60

  5.2 崩塌 ··· 65

  5.3 泥石流 ··· 68

6 情景模拟"大闯关" ··· 73

  6.1 社区 ··· 74

  6.2 学校 ··· 83

  6.3 户外郊游 ··· 89

7 结束语 ··· 94

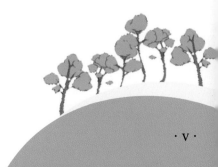

常见
地质灾害
CHANGJIAN DIZHIZAIHAI

1.1　什么是地质灾害？

　　地质灾害是指在自然或者人为因素的作用下形成的，对人类生命财产、生活、环境造成破坏和损失的地质作用（现象）。根据国务院令第394号文件《地质灾害防治条例》，地质灾害包括自然因素或者人为活动引发的危害人民生命和财产安全的山体崩塌、滑坡、泥石流、地面塌陷、地裂缝、地面沉降等与地质作用有关的灾害。

1.2　常见地质灾害有哪些？

　　滑坡、崩塌（含落石）和泥石流是三种常见的地质灾害，它们是地壳表层地质结构的剧烈变化而产生的常见地质灾害。据全国地质灾害通报统计，在2009～2016年间，每年滑坡、崩塌和泥石流的发生数量占地质灾害总数的95%以上。

滑坡

崩塌

泥石流

1.3 大巴山区常见地质灾害的特点

大巴山区在地质构造上位于大巴山弧形构造带，区内红色岩层广泛出露，主要的地质构造为褶皱，褶皱形成过程中因岩层受力发生弯曲，造成岩体中形成 X 型节理，导致岩体破碎，易诱发滑坡、崩塌等地质灾害。据调查研究，大巴山区常见地质灾害具以下特点：

科普小助手

红色岩层（简称红层）在我国主要是指在地质历史时期的侏罗纪、白垩纪和三叠纪及早古近纪形成的，由泥岩、页岩、粉砂岩、砂岩等岩石组成的地层，其主色调为红色，较硬的砂岩与较软的泥岩、页岩构成软硬相间的岩体，泥岩和页岩的岩石强度较低，容易被侵蚀、剥蚀而导致斜坡发生破坏。

褶皱指岩石因受力而发生的一系列波状的弯曲变形。

节理，又称裂隙，指岩石中的裂缝，是岩体受力断裂后两侧岩块有开裂但未发生明显相对位移的小型断裂构造。

（1）灾害类型主要为滑坡、崩塌，数量上以滑坡发育为主（90%以上）。大巴山北部高山峡谷区，发育多条泥石流沟。

（2）滑坡规模以小型为主（约占70%），其次为中型（约占20%），大型、特大型滑坡较少。

褶皱示意图（王执明供图）

褶皱（谢洪拍摄）

节理

科普小助手

滑坡规模级别划分标准：小型＜10万立方米，中型10万～100万立方米，大型100万～1000万立方米，特大型＞1000万立方米。

（3）中小型滑坡主要为浅层土质滑坡或堆积层滑坡；大型、特大型滑坡多为顺层岩质滑坡，容易导致较大财产损失和人员伤亡。

科普小助手

土质滑坡指发生在松散未固结的黏性土或砂性土斜坡上的滑坡。

堆积层滑坡指发生在除黄土、黏性土以外的第四系松散堆积层中的滑坡，这类滑坡多发生在山前和河谷两岸，滑壁比较陡直。土质滑坡涵盖堆积层滑坡。

顺层岩质滑坡是一类沿着岩层层面发生滑移运动的岩质滑坡，其滑带（尤其是大型顺层岩质滑坡的滑带）往往由软弱夹层构成。

可形成顺层岩质滑坡的红色岩层

土质滑坡

顺层岩质滑坡

　　（4）区内地质灾害（特别是大型、特大型岩质滑坡）比较隐蔽，调查发现较为困难。古（老）滑坡体在曾经的某个时间段发生过或多或少的位移，具备滑坡启动的条件，值得特别留意。

1.4 大巴山区常见地质灾害的防灾减灾需求

大巴山区是我国"脱贫攻坚"政策实施的重点区域之一，急需开展新型城镇化建设，交通干线建设和城市扩建等，而地质灾害的频发严重制约着区内经济发展和建设。严峻的地质灾害防治形势要求大巴山区在社会经济发展建设中要尽量提前识别地质灾害潜在隐患点，提前做好地质灾害避让和防治工作，经济发展必须与防灾减灾相结合。

1.5 常见地质灾害的危害

地质灾害除造成人畜伤亡外，还常常破坏房屋及其他工程设施，中断道路交通，毁坏农作物、林木和耕地等，对山区城镇、乡村、企事业单位、工厂、矿山、旅游区等构成严重威胁。进入江河中的滑坡体或泥石流堆积体还可能堵塞河流，形成灾害链。灾害链会把灾害的危害范围在空间上大大拓宽，在时间上多次延续；在链生过程中，由于物质的不断汇入和能量的接连释放，会使得它的规模不断增加，因此灾害链可能产生较单个灾害更为巨大的损失。

滑坡堵断公路

滑坡损毁道路

滑坡威胁村庄

地震诱发滑坡破坏城镇

崩塌损坏车辆（孔应德拍摄）

崩塌堵断景区道路（谢洪拍摄）

崩塌损毁桥梁

崩塌威胁房屋

泥石流冲毁房屋

泥石流掩埋房屋

泥石流威胁景区

泥石流威胁城镇

滑坡转化为泥石流淤埋公路，
堵塞河道（谢洪拍摄）

滑坡堵江形成堰塞湖

泥石流堆积扇

堰塞湖

泥石流坝

泥石流堵江形成堰塞湖（谢洪拍摄）

1.6 我国地质灾害群测群防体系

　　作为普通百姓，我们需要了解当前我国地质灾害防灾减灾管理工作是如何开展的，这样能更好地了解地质灾害防范流程，若遇到突发地质灾害，也能知道如何自救与互救。当前我国地质灾害防灾减灾管理工作主要是以地质灾害群测群防体系展开，这是一种自上而下政府主导型的灾害管理模式，由国家、省（自治区、直辖市）、市（州）、县（市）、乡（镇）、村、监测点七级网络构成，主要由县（市）、乡（镇）、村地方政府组织城镇或农村社区居民具体实施。群测群防体系各级组织有各自明确的职责，如县（市）级人民政府负责本辖区内群测群防体系的统一领导，组织开展防灾演习，应急处置和抢险救灾等工作；县（市）级国土资源主管部门具体负责全县群测群防体系的业务指导和日常管理工作；乡级人民政府具体承担本辖区内隐患区的宏观巡查，督促村级监测组开展隐患点的日常监测，协助上级主管部门开展汛前排查、汛中巡查、汛后核查，应急处置，抢险救灾，宣传培训，防灾演习，完成群测群防工作总结等；村级组织参与本村地域内隐患区的巡查、日常监测，记录、上报，配合各级政府部门做好自救、互救工作等。

　　目前在我国地质灾害多发地区，已全面落实群测群防体系，对受威胁的住户逐家发放填写地质灾害避险明白卡。在危险区设立灾害警示牌、避险路线牌，安装监测预警仪器。强调安全责任，建立各级地质灾害巡查预警体系，设立灾害监测员，实行汛期24小时滚动值班。

　　地方政府积极配合国土资源主管部门设立应急避难场所，划定应急疏散撤离路线。针对区内地质灾害特点，编制相应级别地质灾害年度防治方案和典型地质灾害隐患点应急预案，不定时组织地质灾害应急演练和科普讲座，提高民众自救互救意识和识灾、避灾能力。

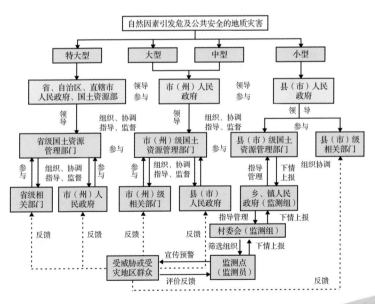

我国地质灾害行政管理工作体系框图

地质灾害防灾避险明白卡

泥石流灾害警示牌

滑坡灾害警示牌

崩塌灾害警示牌

地质灾害危险区警示牌

典型地质灾害隐患点防御预案公示牌

地质灾害应急演练前宣讲

监测员敲锣示警

地质灾害应急演练

灾后开展应急救援

灾后开展道路应急抢险

灾后设立临时避难场所

滑坡

HUAPO

2.1 滑坡的定义

　　滑坡是指斜坡上的岩体或土体，受降雨、地震、河流冲刷、地下水活动、人为活动等外部因素影响，在重力作用下，失去原来的平衡状态，沿着一定的软弱面或者软弱带，整体地或分散地顺坡向下滑动的自然现象，俗称"垮山""走山""地滑""土溜""山剥皮"或"龙爪"等。

典型滑坡

2.2　滑坡的形成条件

　　滑坡的形成受内部结构和外部环境要素影响。内部结构要素包括坡形结构、岩土结构、软弱部位（滑面）等；外部环境要素包括降水、河流下切、人工开挖、加载等。

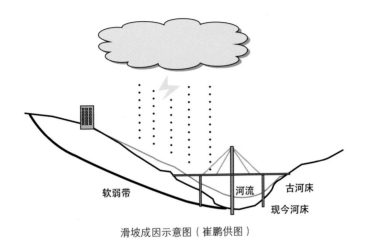

滑坡成因示意图（崔鹏供图）

2.3 滑坡变形的失稳过程

缓倾顺层岩质滑坡是大巴山区最常见的一种易造成重大生命财产损失的滑坡。因此，本节主要介绍缓倾顺层岩质滑坡变形失稳演化的四个阶段。

（1）基岩斜坡原生裂隙充水张开阶段。

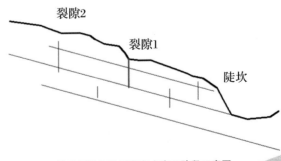

基岩斜坡原生裂隙充水张开阶段示意图

基岩斜坡原生裂隙充水张开阶段情景图

在此阶段，地下水渗入基岩裂隙，岩体在水压力作用下沿主要构造裂隙被"撕开"，坡体上无明显识别特征。

科普小助手

原生裂隙指岩体生成过程中自然形成的裂隙。

（2）初期短距离拉槽起动阶段。

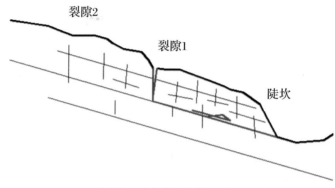

初期短距离拉槽起动阶段示意图

初期短距离拉槽起动阶段情景图

在此阶段，斜坡坡面与岩层产状基本一致，呈平直状或阶梯状，因地表水持续渗入，斜坡沿软弱岩层向附近有效临空面发生滑移破坏，后缘裂缝进一步拉开形成较深大的裂缝或沟槽。

科普小助手

岩层产状指岩层的空间状态，由走向（延伸方向）、倾向（倾斜方向）和倾角（倾斜角度）构成。

初期起动形成的深大裂缝

（3）中期槽谷缓慢扩张阶段。

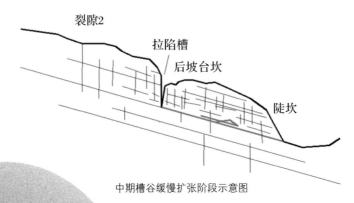

中期槽谷缓慢扩张阶段示意图

中期槽谷缓慢扩张阶段情景图

　　在此阶段，后缘沟槽的形成，为斜坡提供坡面水流汇集通道。在长期的风化、剥蚀、搬运等地质作用及人类工程活动的作用下，斜坡后缘及侧面槽谷缓慢持续扩张，形成明显的拉陷槽。

滑坡后部拉陷槽

（4）后期槽谷充水剧烈滑动阶段。

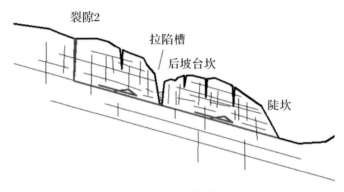

后期槽谷充水剧烈滑动阶段示意图

后期槽谷充水剧烈滑动阶段情景图

在此阶段，长时间的强降雨致使大量地表水渗入地下形成地下水，并使软弱岩层软化，斜坡在地下水流的浮托力及后缘凹槽超强的水压力作用下瞬间启动，发生剧烈滑移。

科普小助手

浮托力指地下水位上升过程中对上覆不透水岩层产生的水压力。

2.4 潜在滑坡的识别

（1）山坡上有明显的裂缝，裂缝在近期有不断加长、加宽、增多的现象，特别是当山坡后缘出现贯通性弧形张裂缝，并且明显下挫时，说明山坡即将发生整体滑坡。

山坡上出现明显裂缝

山坡出现贯通性弧形张裂缝

（2）坡体上建构筑物等出现开裂、倾斜、下挫变形；坡体上公路、道面、管线等出现开裂、沉陷、错动变形；坡体上的引水渠出现开裂渗漏，修复一定时间后又出现渗漏；坡体后缘陡坎出现小规模垮塌，前缘临空陡坎偶见局部坍塌等。

坡体上公路出现开裂

（3）斜坡局部下沉，但下沉与开挖或填土无关，也是发生滑坡的征兆。

斜坡下沉导致的公路下沉

（4）圈椅状地形，马蹄状地形，并有多级沟坎；山坡上部有洼地，其下部有泥土挤出丘状鼓起的现象，并且坡脚挤占河床；山坡上有成片分布的醉汉林、马刀树。

科普小助手

滑坡在滑动过程中，滑体上的树木向滑动方向倾斜，叫做醉汉林；此后滑坡变形非常缓慢，数年甚至十多年停止滑动，倾斜树木上部向上直长，形成下部弯、上部直的树干称为马刀树。

圈椅状地形

马刀树

（图片来源：http://www.baike.com/wiki/
%E9%A9%AC%E5%88%80%E6%A0%91）

（5）坡体后缘和两侧出现陡坎，前部呈大肚状凸出，坡度较陡的滑坡临滑前还会出现"飞砂走石"现象。

滑坡临滑前"飞砂走石"

（6）坡体前缘或坡脚地表突然冒水（出现泉水），泉点线状分布、泉水浑浊。

滑坡前缘冒水

2.5 滑坡的危险预兆

（1）山坡前部和后缘出现裂缝，坡脚处土体向上隆起。

（2）泉水或井水突然干涸或变浑浊，原本干燥的地方突然渗水或池塘水面突然下降。

（3）斜坡上的建筑物变形、开裂，电线杆、树木发生歪斜。

（4）山体岩石内部或地下发出异常响声，在出现这种响动的同时，家禽、家畜有异常反应。

（5）滑坡后缘的裂缝急剧扩展，并从裂缝中冒出热气（或冷风）。

（6）临滑前，滑坡体四周岩体（土体）会出现小型坍塌和松弛现象。

（7）如果在滑坡体上有长期位移观测资料，在大滑动之前，无论是水平位移量还是垂直位移量，均会出现加速变化趋势，这是明显临滑迹象。

2.6 滑坡最易发生在什么期间？

（1）一场大雨过后或长时间连绵阴雨。

（2）各类建筑爆破施工和地震期间。

（3）每年春季融雪期和夏季暴雨期间。

2.7 滑坡灾害的避让

1. 山区出行、旅游

（1）尽量避免在降雨期间到滑坡易发山区旅游。

（2）驱车时查看清楚前方道路是否有落石，并注意路上随时可能出现的各种危险，如塌方、沟壑等。

（3）野营时避开陡峭的悬崖和沟壑或非常潮湿的山坡。

（4）在易发生滑坡地区选择入住房屋，应检查房屋墙上是否存有裂缝、裂纹，观察房屋周围的电线杆是否有向一方倾斜的现象，房屋附近的柏油马路是否已发生变形。

（5）滑坡发生时身处非滑坡山体区，首先不要慌张，尽可能将灾害发生的详细情况迅速报告相关政府部门和单位，并做好自身的安全防护工作。

（6）熟悉政府或当地的相关警报声，滑坡发生时若在危险区，听到警报声要马上撤离。

（7）不要通过刚刚发生滑坡的地区，或进入刚发生滑坡的地方去寻找财物。

2. 居住在滑坡易发区

（1）发现山坡有滑坡迹象，应立即向当地村干部或基层政府防灾责任人报告。

（2）在滑坡灾害多发区建房，应通过专门的地质灾害危险性评估来确定村寨、房屋的位置，避开滑坡易发生场地。

（3）为了自身和他人的安全，不要随意开挖坡脚和堆放土石。

（4）水对滑坡的影响很大，在日常生产、生活中应加强对山坡引水和排水渠道的管理。

（5）主动消除和抑制滑坡形成的因素，不但可以延缓滑坡的形成，提高斜坡的稳定性，还可以避免滑坡的发生，如填埋地面裂缝，把地下水和地表水引出可能发生滑坡区域等，可以提高斜坡的稳定性。

（6）参与抢救被滑坡掩埋的人和物时，应从滑坡体的侧面开始挖掘，尽量避让二次滑坡，且应先救人，后救物。

2.8 滑坡发生时如何逃生？

（1）**静**：当你不幸遭遇山体滑坡时，首先要沉着冷静，不要慌乱。慌乱不仅浪费时间，而且极可能做出错误的决定。

（2）**跑**：当人位于滑坡范围内时，要环顾四周，迅速向安全地段/避灾场地撤离，不要贪恋财物，避灾场地应选择在滑坡体两侧边界外围，不要选择在滑坡的上坡或下坡。跑离时，要朝垂直于滑坡运动方向的两侧跑，

不要朝滑坡的上方和下方跑。

（3）躲：当遇高速滑坡而无法继续逃离时，应迅速抱住身边的树木等固定物体，或躲避在坚实的障碍物下，或蹲在地坎、地沟里。应注意保护好头部，可利用身边的衣物蒙住头部。

（4）等：滑坡停止后，在有关部门解除警报前，不得进入滑坡发生危险区。因为滑坡可能会连续发生，贸然回去，可能会遭到滑坡二次起动的侵害。只有当滑坡已经过去，并且自家的房屋远离滑坡，确认房屋完好、安全后，方可进入。

延展阅读

1983年3月7日发生在甘肃省东乡族自治县的著名的高速黄土滑坡——洒勒山滑坡中的幸存者就是在滑坡发生时，紧抱住滑坡体上的一棵大树而得生。

下图滑坡灾害发生时，位于车内的你应该朝什么方向逃生？（崔鹏拍摄）

滑坡灾害发生时，要朝垂直于滑坡运动方向两侧逃生，位于哪侧就从哪侧就近跑，切勿强行穿过滑坡体。

崩塌

BENGTA

3.1 崩塌的定义

崩塌（俗称崩落、垮塌或塌方）是指较陡斜坡上的岩石或土体在重力作用下突然脱离山体崩落、滚动，堆积在坡脚（或沟谷）的地质现象。大小不等、零乱无序的岩块（土块）呈锥状堆积在坡脚的堆积物称崩积物，也可称为岩堆或倒石堆。 崩塌分为岩崩和土崩两种类型，规模巨大的崩塌常称为山崩。

典型崩塌

3.2 崩塌的形成条件

（1）岩土类型：岩土是产生崩塌的物质条件。不同类型的岩石所形成崩塌的规模大小不同，通常岩性坚硬

的各类岩石，如花岗岩、闪长岩、石灰岩、砂岩、石英片岩等形成规模较大的崩塌；泥岩、页岩、泥灰岩等软弱岩石及松散土层等，往往以坠落和剥落为主，形成的崩塌规模较小。

科普小助手

岩土指岩石和土体，它们是组成山坡的基本物质。

（2）**地质构造：**各种构造面，如节理、层面、断层等，对坡体的切割、分离和挤压破坏，为崩塌的形成提供脱离坡体的边界条件。坡体中的裂隙越发育，越易产生崩塌，与坡体延伸方向近乎平行的陡倾角构造面，最有利于崩塌的形成。

科普小助手

构造面指岩体结构形态的面状构造。层面指岩层的上、下界面。断层指岩层受地壳运动的作用力而形成的破裂面（带），在地壳中广泛发育，是地壳的最重要构造之一，在地貌上，大的断层常形成裂谷和陡崖，如著名的东非大裂谷。

（3）**地形地貌**：江、河、湖、沟的岸坡及各种山坡、铁路和公路边坡，工程建筑物的边坡及各类人工边坡都是有利于崩塌产生的地貌部位，坡度大于45度的高陡边坡、孤立山嘴或凹形陡坡均为崩塌形成的有利地形。

上述岩土类型、地质构造、地形地貌三个条件，又称为地质条件，是形成崩塌的基本条件。

（4）**外界因素**：如地震、融雪、降雨（特别是大暴雨）、地表冲刷、浸泡、不合理的人类活动【如开挖坡脚，地下采空，水库蓄水、泄水，堆（弃）渣填土，强烈的机械振动】，以及冻胀、昼夜温度变化等改变坡体原始平衡状态的因素，都会诱发崩塌活动。

3.3 崩塌失稳过程

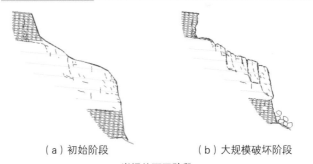

（a）初始阶段　　　　　（b）大规模破坏阶段

崩塌的不同阶段

崩塌失稳过程：①崩塌体后部出现裂缝；②崩塌体前缘掉块，土体滚落，小崩小塌不断发生；③坡面出现新的破裂变形，甚至小面积土石剥落，岩质崩塌体偶尔

发生撕裂摩擦错碎声；④拉张裂缝不断扩展、加宽，速度突增，崩塌体解体发生倾倒和崩落，在运动中滚动或跳跃，最后在坡脚处形成堆积地貌——崩塌倒石锥。

3.4 崩塌的特征

（1）速度快。

（2）规模差异大。

（3）崩塌下落后，受到破坏而脱离坡体的各部分相对位置完全打乱，形成大小混杂的堆积物堆积于坡脚，由于较大石块的能量大，翻滚较远，从而形成堆积体颗粒上小下大或近小远大的倒石锥。

3.5 崩塌与滑坡的区别

（1）运动方式。

（2）破坏形式。

（3）是否存在滑动面。

（a）崩塌　　　　　　　　　　（b）滑坡

下图中崩塌和滑坡的位置。

高山区常见地质灾害链
（图片来源：http://amuseum.cdstm.cn/moundisaster/page/index.jsp）

3.6 潜在崩塌的识别

（1）岩体破碎、被多组裂缝切割，稳定性差，极易发生崩塌。

（2）山坡坡度大于45度，陡崖或高陡的斜坡下部。

被多组裂隙切割的破碎岩体　　　　　　陡崖或高陡的斜坡

（3）如果地面上经常可见碎块石和滚石，那么该地段随时都有可能发生崩塌。

地面经常见破碎块石，
应引起重视

地面见滚石，
该地段随时可能发生崩塌

（4）山坡由软岩和硬岩相间互层构成，易发生崩塌。

软岩和硬岩相间互层的山坡易发生崩塌

（5）突兀的石头或孤立山嘴易发生崩塌。

突兀的石头下方不应逗留（孔应德拍摄）

3.7 崩塌的危险预兆

（1）山坡上有上下贯通的裂缝。

（2）坡体前缘掉块、土体滚落、小崩小塌不断发生。

（3）坡面出现新的破裂变形、甚至小面积土石剥落。

（4）岩石内部偶尔发出开裂和挤压的声响。

3.8 崩塌最易发生的时间

（1）特大暴雨、大暴雨、较长时间连续降雨过程中或稍微滞后。

（2）强烈地震过程中。

（3）开挖坡脚过程中或滞后一段时间。

（4）水库蓄水初期及河流洪峰期。

（5）强烈的机械振动及大爆破后。

3.9 崩塌灾害的避让

（1）注意收听当地天气预报，避免在暴雨天进入山区。

（2）当听到当地敲锣打鼓、高音喇叭/广播的灾害警报，应积极配合当地政府疏散撤离。

（3）发现崩塌危险预兆后，不能心存侥幸，要及时远离并通知周围的人远离。如果不能马上撤离，也不要在靠山坡的房间内居住，比如有上下楼的不要在楼上居住，可搬到楼下房间暂住。

（4）崩塌即将发生或正在发生时，首先撤离人员，千万不要立即进行排土、清理水沟等作业，待灾情稳定以后再作处理。

（5）大雨过后，虽然天气转晴，已发生崩塌的区域仍存在危险性。因此，人员撤出后，不要在天气转晴后就着急搬回去居住；待天气晴好5~7天，确定安全后再搬回居住。

（6）天气好时也要注意，危岩之下不可久立，切忌在突出的石头附近停留。

3.10 崩塌发生时如何逃生？

（1）崩塌发生时，如果身处崩塌影响范围外，一定要绕行。

（2）如果处于崩塌体下方，迅速向崩塌体的两侧逃生，越快越好。

（3）一定不要和房屋、围墙、电线杆等靠得太近，避免因其倒塌受伤。

（4）切勿在陡崖附近停留休息，不要攀爬危岩或在危岩突出的下方躲雨。

动一动

请在下图中标出崩塌发生时正确的逃生方向。

崩塌发生时应迅速向垂直于崩塌的两侧逃生（王东坡拍摄）

泥石流

NISHILIU

4

4.1 泥石流的定义

　　泥石流是由泥沙、石块等松散固体物质和水混合组成的一种特殊流体。泥石流暴发时，山谷轰鸣，地面震动，浓稠的流体汹涌澎湃，沿着山谷或坡面顺势而下，冲向山外或坡脚，往往在顷刻之间造成人员伤亡和财产损失。各地对泥石流的叫法不一致，西北地区称为"泥流"或"山洪急流"，华北和东北地区称为"龙扒"或"山洪"，川滇山区称为"走龙"，西藏地区称为"冰川暴发"，台湾/香港地区称为"土石流"。其危害方式主要有冲刷、淤埋、冲击、磨蚀和堵塞等。

典型泥石流沟

4.2 泥石流的形成条件

1. 陡峻的地形

泥石流沟（流域）可分为泥石流形成区、流通区和堆积区三部分。上游形成区的地形多为三面环山，常呈瓢状或漏斗状，有利于水和碎屑物质的集中；中游流通区的地形多为狭窄陡深的峡谷；下游堆积区的地形为开阔平坦的山前平原或河谷阶地。

泥石流流域的影像图

典型泥石流沟的形成区、流通区和堆积区（谢洪拍摄）

2. 丰富的松散固体物质

泥石流常发生于地质构造复杂、断裂褶皱发育，新构造活动强烈、地震烈度较高的地区。这些区域地表岩石破碎，崩塌、滑坡等不良地质现象多，为泥石流的形成提供了丰富的固体物质来源；另外，岩层节理发育、结构松散、易于风化或软硬岩石相间的地区，岩石易于破坏，也能为泥石流提供丰富的碎屑物源；而滥伐森林、开山采矿、采石及建设工程不合理弃渣等，也为泥石流提供大量的松散固体物质来源。

泥石流松散固体物质

想一想

地表破碎，崩滑发育，
提供丰富松散物源
（崔鹏供图）

陡坎利于?

岩层结构松散，提供丰富的碎屑物源

3. 充沛的水源

水既是泥石流的重要组成部分，又是形成泥石流的激发条件（动力来源之一）。形成泥石流的水源，有暴雨、冰雪融水和水库溃决水体等形式。在我国，形成泥石流的水源主要是暴雨，其次为冰雪融水。

4.3 泥石流的特点

泥石流往往在很短时间内将大量泥沙、石块等携带出沟外，在宽阔的堆积区横冲直撞，常常造成重大危害。泥石流通常具有暴发的突然性以及流速快、流量大、流体中固体物质含量高和破坏力强等特点。

泥石流在宽阔的河谷区堆积

泥石流的运动状态（张金山拍摄）

常见地质灾害识别与避让
科普手册

4.4 潜在泥石流沟的识别

（1）泥石流沟谷上游多为三面环山，并且山坡陡峭，多呈勺、斗、树叶状，中游是狭窄的山谷，下游较为开阔。

（2）沟谷两侧的疏松土层较多，山体破碎。

（3）沟谷两侧崩塌、滑坡现象严重。

（4）坡面侵蚀、水土流失严重。

（5）有大量堆积物和大块石存在的沟道、沟口。

（6）短时间内可以积蓄大量水流且存在有大量松散碎屑物质的沟谷。

4.5 泥石流的危险预兆

（1）连续长时间降雨或短时间强降雨后，可能会发生泥石流。

（2）河流突然断流或水势突然加大，下游溪水变得浑浊。

（3）深谷或沟内传来类似火车轰鸣或闷雷般的声音。

（4）沟谷深处突然变得昏暗，地面有轻微震动感。

4.6 泥石流最易发生的时间

我国泥石流的暴发主要受连续降雨、暴雨和特大暴雨等诱发，其发生的时间与集中降雨时间相一致，季节性明显。

西南地区，如四川、云南等地的降雨多集中在6~9月，其泥石流也多发于6~9月。

西北地区降雨多集中在6~8月，特别是7~8月，其泥石流也多发于7~8月。

我国夏秋多夜雨，导致泥石流夜间发生率高。据调查，灾害性泥石流，尤其是特大规模的灾害性泥石流大多数发生在夜间。

4.7 泥石流灾害的避让

1. 山区出行、旅游

（1）前往山区工作或旅游，一定要事先了解当地近期天气情况和未来数日的天气预报及地质灾害气象预报，应尽量避免在大雨天或连续阴雨天去山地景区旅游。

（2）在雨季穿越沟谷时，应先观察，确定安全后方可穿越沟谷。因山区降雨普遍具有局部性特点，沟谷下游是晴天，沟谷上游不一定也是晴天。"一山分四季，十里不同天"，因此即使在雨季的晴天，同样也要提防泥石流灾害。

（3）在山谷行走遭遇大雨时，要迅速转移到安全的高地，离山谷越远越好。

（4）一旦听到连续不断雷鸣般的响声，应立即向两

侧山坡上转移，因为这很可能是泥石流将至的征兆。

（5）应选择平整的高地作为营地，不宜在山谷和河沟、河滩处扎营，同时应尽量避开有滚石和大量堆积物的山坡。

（6）在夜间应密切注意雨情，如有异常情况发生，在听到灾害警报声或收到气象灾害预警短信后，要立刻配合当地政府疏散转移到指定的安全避难场所或安全地带。雨停后不能马上返回，警惕泥石流滞后于降雨暴发。

2. 居住在泥石流易发区

（1）在雨季时，经常对居民点周围山坡和沟谷进行查看。

（2）雨天在沟谷中放牧或劳动时，不要停留过长时间。

（3）随时注意当地气象部门在电台、电视台、网上发布的暴雨信息，利用电话、广播等设施收听当地有关部门发布的灾害信息，并做好疏散撤离准备。

（4）了解当地避险场所位置和疏散撤离路线。在听到警报声或收到气象灾害预警短信后，要积极配合当地政府，按预定路线，撤离到安全地点。不要贪恋财物，"时间就是生命"。

（5）长时间降雨、暴雨渐小或大雨刚停时，不能在没有接到灾害危险解除通知时返回危险区或原撤离点，因为泥石流有可能发生在暴雨后。

（6）不要将房屋建在沟口、沟道上；在沟道两侧应修筑防护堤并大面积植树，防止泥石流溢出沟道。

（7）勿往沟道倾倒生活垃圾或堆放弃渣、土石，在雨季到来之前清理居民点附近的沟道、排洪沟和涵洞，以免在下雨时造成堵塞。

（8）不滥伐乱垦，不乱开挖，因滥伐乱垦和乱开挖，可导致土体疏松、冲沟发育，大大加重水土流失，很容易诱发泥石流。

延展阅读

甘肃省白龙江中游是我国著名的泥石流多发区。而在一千多年前，那里林木茂密、山清水秀，后因伐木烧炭，烧山开荒，森林被破坏，才造成泥石流泛滥。百姓常说"山上开亩荒，山下冲个光"。

4.8 泥石流发生时如何逃生？

（1）发现山谷有异常的声音或泥石流发生时，一定要设法从房屋里跑出来，躲避到安全的高地，或按照政府指定路线到达避难场所。

（2）不要停留在低洼的地方，也不要攀爬到树上躲避，因泥石流可扫除沿途一切障碍。

（3）马上抛弃一切影响奔跑速度的物品，要立即向安全的高地、河床两岸高处或垂直于泥石流袭来的两侧山坡高处跑。爬得越高越好，跑得越快越好，绝对不能向顺着泥石流的流动方向跑，或者往坡下跑，也不要在河沟底部停留。

（4）有时泥石流会间隙发生，所以即使泥石流停止，也一定要远离现场，以免遭到二次泥石流的侵害。

下图中若泥石流灾害突然再次发生，这两人的逃生方向对吗？

泥石流发生时向垂直于泥石流流动方向的两侧高处逃生（张建强拍摄）

国内外典型案例

5.1 滑坡

1. 案例：2009年中国台湾高雄县小林村大规模滑坡

2009年8月8日，莫拉克台风侵袭台湾，连日的降雨导致台湾高雄县小林村东北侧的献肚山发生大规模滑坡。大量土石崩落至楠梓仙溪，并掩埋小林村，约500位村民遇难，村庄的联外道路损坏。

2009年台湾高雄县小林村大规模滑坡

（图片来源：http://www.dprc.ncku.edu.tw/）

2. 案例： 2017年中国四川省茂县叠溪镇新磨村滑坡

2017年6月24日，四川省阿坝藏族羌族自治州茂县叠溪镇新磨村的后山突发山体高位滑塌，造成河道堵塞2公里，62户120余人被掩埋，10人遇难，73人失踪。在滑坡高速滑动过程中，对前方造成气浪冲击，在松坪沟右岸清晰可见高度超过100米的溅泥。

2017年四川省茂县叠溪镇新磨村滑坡（刘威拍摄）

3. 案例: 2014年阿富汗巴达赫尚省大规模滑坡

2014年5月2日，阿富汗东北部巴达赫尚省荷波巴利克村(Hobo Barik)发生山体滑坡，大量碎石和泥土涌入村庄。该村属于偏远山区贫穷部落，居民们大多住在土坯房中，这种房屋极其脆弱，村里有近千户人家。据当地官方数据统计，山体滑坡造成500人死亡，约2500人失踪，至少有300座房屋在灾难中被摧毁，4000余人无家可归。据悉，造成此次滑坡人员伤亡严重的一个重要原因是，滑坡第一次发生后周围群众自发开展救援，不久发生第二次垮塌，再次造成了人员伤亡。

2014年阿富汗巴达赫尚省荷波巴利克村大规模滑坡（Fardin Waezi拍摄）

4. 案例： 2004年中国四川省宣汉县天台乡滑坡

2004年9月5日，受特大暴雨影响，四川省宣汉县天台乡义和村发生特大型滑坡。滑坡造成义和村八个社被毁，使一个自然村消失；摧毁房屋、圈舍2983间59660平方米，造成317户1255人无家可归；损毁田地73.13万平方米、电线2公里，南(坝)樊(哙)公路交通中断，毁坏水泥路面公路1.8公里，部分通信、电力、光纤线路受到损坏。滑坡堆积物堵塞前河（嘉陵江水系一支流上游）形成堰塞湖，滑坡体沿前河形成长1200米的坝体；堰塞后，抬高上游水位23米，河水断流约17小时。滑坡整体形态近似扇形，沿河平均宽处约1.5公里，顺坡平均长处约1公里，平均厚度约20米，体积约3000万立方米。滑坡体上游的集镇被淹没，天台乡、五宝镇沿前河14个村、1个场镇、9270余户受灾，直接经济损失达2.5亿元。

由于防灾预案贯彻到位，天台乡政府应急措施得力，滑坡发生前即刻组织乡、村干部、共产党员、预备役官兵挨家挨户通知村民，在极短的时间内，紧张有序、快而不乱地将滑坡威胁区村民全部撤出了危险地带。在这次特大型山体滑坡中无一人死亡，实属罕见。

2004年四川省宣汉县天台乡滑坡（谢洪拍摄）

5. 案例：2014年中国云南省永善县上坝滑坡

2014年4月1日，云南省永善县务基镇白胜村上坝二社的一位村民到果园管护脐橙，发现位于金沙江边的坡地里有一条裂缝，有可能发生滑坡，意识到很危险，便马上向政府报告，当地政府马上组织处于滑坡危险区的25户78人撤离。

4月24日受降雨激发，500万立方米的大型滑坡发生，4户人家的房屋瞬间随坡体下滑、倒塌。由于滑坡发生前危险区的人员都已经撤离了，虽然滑坡造成房屋和农田、果园等损毁，但无一人伤亡。

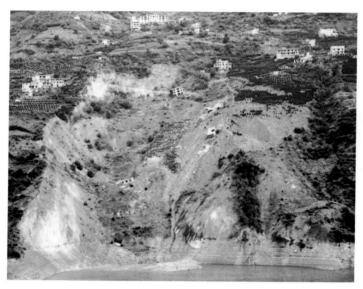

2014年云南省永善县务基镇白胜村上坝滑坡（谢洪拍摄）

5.2 崩塌

2017年8月28日，贵州省毕节市纳雍县张家湾镇普洒社区大树脚组发生山体崩塌。崩塌山体距离受灾害地点的垂直落差约200米，崩塌岩体约为60余万立方米。此次灾害最终造成200余人受灾，26人死亡，9人失踪，52栋房屋被掩埋，直接经济损失近亿元。

2017年贵州省毕节市纳雍县张家湾镇崩塌

（图片来源：http://www.xinhuanet.com/politics/2017-08/29/c_1121565117.htm）

2. 案例：2017年中国四川省自贡市荣县双古镇崩塌

　　2017年9月1日，自贡市荣县双古镇五桐村发生崩塌，4万余立方米巨石倾泻而下，附近9户居民房屋被严重损毁、倒塌或成为危房，电线杆倒塌20余根，道路损毁1.5公里，直接经济损失600余万元，周边茶园在崩塌中土地下沉50厘米。因采用地质灾害监测仪器和24小时人工监测，对其成功预警，附近直接受到威胁的12户居民于8月17日前已经全部转移，崩塌没有造成人员伤亡，危险区域涉及的群众46户180人成功避险。

2017年四川省自贡市荣县双古镇五桐村崩塌

（图片来源：http://www.sohu.com/a/169088620_655291）

3. 案例：2016年中国北京市房山区霞云岭乡崩塌

2016年8月5日，北京市房山区霞云岭乡庄户台村发生一起山体崩塌，将近1万立方米的土石从山上崩落，掩埋了7间房屋，另有10间房屋受损。但因地质灾害群测群防员及时上报险情，北京市国土资源局房山分局及时鉴定和评估险情，霞云岭乡政府于8月3日下午即崩塌发生33个小时前，及时组织受威胁人员避险转移，共转移村民7户17人，游客23人，无一人伤亡。

2016年北京市房山区霞云岭庄户台村崩塌
（图片来源：http://www.sohu.com/a/109281274_148329）

5.3 泥石流

1. 案例：2010年中国甘肃省舟曲县特大泥石流

　　2010年8月7日，甘肃省甘南藏族自治州舟曲县城东北部山区突降特大暴雨，持续40多分钟，引发三眼峪、罗家峪等沟暴发泥石流，泥石流长约5千米，平均宽度300米，平均厚度5米，总体积750万立方米，流经区域被夷为平地，冲毁县城，阻断白龙江，形成堰塞湖，造成1700多人遇难或失踪。

2010年"8·7"泥石流灾前舟曲县城（崔鹏拍摄）

2010年"8·7"泥石流灾后舟曲县城（谢洪拍摄）

2. 案例: 2014年日本广岛市泥石流

2014年8月20日，日本广岛市北部降特大暴雨，降雨量每小时逾110毫米，造成广岛市内多处发生泥石流，以安佐南、安佐北等住宅密集的地区最为严重，造成87人死亡或失踪，是日本近20年来最严重的一次泥石流灾害。

2014年日本广岛市泥石流

（图片来源：http://www.hinews.cn/news/system/2014/08/21/016884711.shtml）

3. 案例: 2012年中国四川省宁南县白鹤滩镇矮子沟泥石流

2012年6月28日，四川省宁南县白鹤滩镇矮子沟发生泥石流，位于矮子沟下游右岸的晏子酒家被泥石流吞没。这个三层楼的民房是中国水利水电第四工程局有限公司下属施工队租住的宿舍。灾害造成14人遇难、26人失踪，仅5人幸免于难。

2012年四川省宁南县白鹤滩镇矮子沟泥石流（林雪平拍摄）

4. 案例：2016年中国四川省九寨沟县上甘座村泥石流

2016年7月26日，受强降雨影响，四川省阿坝藏族羌族自治州九寨沟县双河乡上甘座村甘沟组发生泥石流，冲出固体物质50万立方米，造成河道淤堵、村寨受损、8户房屋被掩埋以及省道205线受损。但由于7月25日19时46分和20时37分，九寨沟县国土资源局先后两次通知各乡镇，要求加强地灾监测预警。20时左右，双河乡政府组织人员对地灾隐患点逐一开展巡查。进入深夜，降雨量不断增大，村委会果断组织村民、游客等转移至安全地带。当地村民、游客等190余人及时疏散转移，无一人伤亡。

2016年四川省九寨沟县上甘座村泥石流
（图片来源：http://cq.people.com.cn/n2/2016/0727/c365403-28735269.html）

情景模拟"大闯关"

6

6.1 社区

（1）查看房前屋后山体/边坡稳定性，水位变化等。

熊猫爸爸巴巴：
④爸爸建议你好好学习潜在滑坡、崩塌以及泥石流的识别方法，只要能掌握这些方法，就能判断我们社区存在哪些潜在地质灾害隐患了。

熊猫儿子山山：
①爷爷、爸爸，你们在外面看什么？

③啊，怎么看异常状况？

⑤原来如此。

熊猫爷爷大大：
②气象台说了，这几天山里要下大雨，我和你爸爸在看房子周围的山体、河流水位有没有异常的状况。

（2）了解社区房屋布局、危险区、避险场所地点和
疏散撤离路线。

（3）了解社区特殊群体（如残疾人、腿脚不灵便的
老年人）分布。

（4）简易法自测滑坡变形程度。

熊猫妈妈萱萱：
　　②山山，我们国家有地质灾害群测群防体系好多年了，群众自主开发了许多监测滑坡变形的简易方法，如上漆法、贴片法、埋钉法、埋桩法等。

④对的，宝贝，这样就可以监测滑坡变形了。

熊猫儿子山山：
　　①妈妈，王婆婆家在滑坡体上随时面临滑坡危险，应该怎么监测滑坡变形程度呢？

③耶！真的，妈妈您看，王婆婆家这个就是贴片法吧。

（5）了解社区地灾隐患点监测人、责任人、预警信号等。

熊猫妈妈萱萱：

②这个啊，就是我们社区里面的地质灾害隐患点监测预警警示牌，上面有说明。

④有了这个警示牌，我们就可以知道咱们社区哪里受到地质灾害威胁，还有监测员、责任人是谁，怎么跟他们联系，确保灾害发生后的有序撤离。

⑥没错，所以他们的任务很伟大，可以救好多人呢。

熊猫儿子山山：

①妈妈，您看，这是什么牌子？怎么有那么多的字和图形呢？

③这个有什么用途啊？

⑤就是说，监测员会用敲锣、警报器等方式通知大家紧急避险吗？

（6）准备家庭应急包。

熊猫妈妈萱萱：

②山山，你太令妈妈惊喜了，平时我们要在家里准备家庭应急包。

回到家里，熊猫儿子山山还在冥想。

④家庭应急包就是配备必需的应急品，如常备药品（感冒药、消毒水、绷带等）、小剪刀、安全绳、安全帽、手电筒、干粮、贵重物品等。

熊猫儿子山山：

①妈妈，地质灾害那么可怕，那我们平时需要准备什么以备不时之需吗？

③家庭应急包是什么？

⑤知道了，妈妈，我们一起准备家庭应急包吧。

（1）独自一人在家。

熊猫儿子山山：

①妈妈，如果我一个人在家，遇到地质灾害该怎么办呢？

③我一个人还是觉得害怕，不知道怎么跑。

快跑啊，山要垮了！！！

熊猫妈妈萱萱：

②山山，不要怕，你要是一人在家听到灾害警报，就赶紧往屋外跑，朝咱们社区应急避难场所跑，就是村委会那，知道吗？

④乖宝宝，忘了咱们画的社区逃生路线图了吗？放心好了，即便因为你紧张不知道怎么跑，你李叔叔是地质灾害监测员，到时你根据他的提示跑。

（2）和社区特殊群体（老弱病残孕）一起。

3. 避险场所的安置

熊猫妈妈萱萱：

②我的小馋猫，避难场所有备用物资，比如干粮这些，而且有床垫、被子，晚上睡觉都没问题的。

④一般要待到灾害危险预警解除为止。

⑥山山，避难场所是供紧急避险的地方，你到了那里后，如果有伤口，要及时处理以免感染。若没有受伤，要帮着照顾其他需要照顾的人。

熊猫儿子山山：

①妈妈，避难场所有吃的吗？我害怕挨饿。

③啊，还要在避难场所过夜啊，那一般要待多久啊？

⑤妈妈，是不是我到了避难场所就安全了？

⑦嗯，好的！

82

6.2 学校

1. 平时我们如何防范地质灾害?

（1）了解常见地质灾害预防的基本知识。

（2）绘制校园防灾地图。

熊猫老师帅帅：

①同学们，通过昨天的学习和刚才的讨论，我们已经知晓我们学校主要面临一号教学楼后的滑坡灾害风险，但附近的泥石流威胁也不容忽视。今天我们就来学习如何绘制校园防灾地图。（听到这里同学们都兴奋不已。）

第二天，帅帅老师首先让同学们讨论了学校面临哪些地质灾害威胁。

④很好，那大家就开始分组讨论怎么画吧。

②同学们请安静！首先，大家需要了解我们教室的所在位置，然后了解学校的空间布局、消防栓位置等，最重要的是要确定不同灾害的应急避难场所的位置以及疏散撤离路线，最后将这些资料画成地图，大家明白了吗？

同学们：

③老师，明白了。

（3）了解校园特殊群体分布。

熊猫老师帅帅：

①各位同学，在我们校园中，有没有特殊群体？

③因为当灾害发生后，这些特殊群体，可能不容易自己进行疏散避险，所以我们要牢记这些同学或老师的名字和常处位置，一旦发生紧急情况，如果我们在他们附近，就可以第一时间协助他们转移，懂了吗？

同学们：

②老师，为什么要了解这个呢？

④嗯，老师，明白了！

2．遇灾时我们如何紧急避让滑坡灾害？

（1）室内教学。

（2）室外活动。

熊猫老师帅帅：

①各位同学，还记得你们绘制的校园防灾地图吗？

③如果有同学在教学楼后面打扫卫生时，发现后面山上有石头滚下来，该怎么办？

⑤很好，看来大家都有认真学习。咱们现在就进行室外演练，一起去操场查看应急避难场所吧。

应急避难场所
Emergency Shelter

同学们：

②记得，老师！

④首先要赶紧往就近的一侧躲，避险后，要赶紧往操场的避难场所跑，但要有秩序，不要推挤。另外要大声呼喊，"快跑，垮山了"，提醒其他同学赶紧避险。

（3）上学、放学路上。

88

6.3 户外郊游

1. 户外郊游前做好攻略

查看未来几天天气和地质灾害气象预报；规划好旅游路线，查看交通路况等。

熊猫爸爸巴巴：

②当然可以啊，不过你也不能只想着去玩，也要看看未来几天天气和路况如何。因为如果下大雨的话，出去玩可能会面临地质灾害的危险呢。

熊猫儿子山山：

①爸爸，这星期我们学校就开始放暑假了，咱们能去大巴山玩吗？

③那要怎么看啊？

④来，我们看看未来几天的天气预报。如果有下大雨的可能性，咱们就能取消此次出行计划，等天气好了再去，这样才能确保我们全家人的安全。

2. 遇灾时如何紧急避让地质灾害？

（1）河流边。

（2）危崖下方。

熊猫爸爸巴巴：

①山山，我们旁边的山壁很陡峭，你看那石头是不是快掉下来了？

③对啊，山山，虽然离开水边，到了山前还是要注意看是否容易发生崩塌，危崖上的石头有没有可能掉下来，如果不小心被砸到，很可能就会丧命的！

⑤咱们快走远吧！

熊猫儿子山山：

②爸爸，真的耶，怎么那么恐怖！

④爸爸，那石头感觉真的快掉下来了，好危险的样子！

（3）公路上。

92

（4）户外住宿处。

山山的妈妈萱萱在一户农家乐预定好晚上的住宿房间。山山一见到妈妈就迫不及待地给妈妈讲去大巴山一路的经历。正在这时，他们听到"轰隆隆"声，而且声音越来越大。

熊猫妈妈萱萱：
③快跑，儿子！

熊猫儿子山山：
②啊，妈呀，怎么到处都有地质灾害！

熊猫爸爸巴巴：
①不好，有崩塌，快跑。

④快点，山山，石头砸到房子了。

看到被毁的房子，熊猫爸爸巴巴语重心长地说："以后在户外选择住宿时一定要注意观察，尽量选远离山体的房子，减少遭遇地质灾害的风险。"

结束语

　　从国内外典型灾害案例和情景模拟"大闯关"来看，地质灾害其实并不可怕，只要我们认真地去了解它、认识它，就能找出防灾减灾的方法。通过学习、训练、演练等方式，我们可以增强地质灾害识别和避让的技能，减少它的危害，让地质灾害知识成为常识，并普及到每个人。这样，大家都能重视地质灾害，勇敢地面对地质灾害，就能最大限度降低地质灾害的危害以及损失。